U0160788

好好喝茶

『茶者，南方之嘉木也。一尺、二尺乃至数十尺。』

茶树，南方的优良树木。高一尺、二尺，甚至几十尺。

《好好喝茶》编辑部 编

中国旅游出版社

项目策划：王欣艳
责任编辑：张　璐
责任印制：孙颖慧
书籍设计：燃点文化

图书在版编目（CIP）数据

好好喝茶 / 《好好喝茶》编辑部编 . -- 北京 : 中国旅游出版社 , 2022.3
ISBN 978-7-5032-6894-6

Ⅰ . ①好… Ⅱ . ①好… Ⅲ . ①茶文化—中国—通俗读物 Ⅳ . ① TS971.21-49

中国版本图书馆 CIP 数据核字 (2022) 第 002281 号

书　　名　好好喝茶

作　　者　《好好喝茶》编辑部 编
出版发行　中国旅游出版社
　　　　　(北京静安东里 6 号 邮编：100028)
　　　　　网址：http://www.cttp.net.cn E-mail:cttp@mct.gov.cn
　　　　　营销中心电话：010-57377108，010-57377109
　　　　　读者服务部电话：010-57377151
排　　版　燃点文化
印　　刷　北京工商事务印刷有限公司
经　　销　全国各地新华书店
版　　次　2022 年 3 月第 1 版　2022 年 3 月第 1 次印刷
开　　本　787 毫米 ×1092 毫米 1/32
印　　张　6
字　　数　20 千
定　　价　58.00 元
I S B N　978-7-5032-6894-6

版权所有 翻印必究
如发现质量问题，请直接与营销中心联系调换

茶叶的品质，山野的是上等，园圃的是次等。生长在南面山崖、茂密树林下的茶叶，紫色的是上等，绿色的是次等；芽尖的是上等，有芽带叶的是次等；叶卷起来的是上等，叶展开的是次等。

茶者南方之嘉木也 一尺 二尺乃至数十尺
其巴山峡川 有两人合抱者 伐而掇之

茶作为饮料，开始于神农氏，到周公旦时被大家知道。春秋时齐国有晏婴，汉朝时有扬雄、司马相如，三国时吴国有韦曜，晋朝时有刘琨、张载、陆纳、谢安、左思等人，都爱饮茶。后来逐渐成为风气，到唐朝时达到极盛。

煮茶的水，用山水最好，取乳泉、石地缓慢流动的水。江水中等，取水要到距离人远的地方。井水最差，若用，要在很多人汲水的井中取。

喝的时候，舀到碗里，让沫饽均匀。沫饽是茶汤的「华」。薄的「华」叫沫，厚的叫「饽」，细轻的叫花。它们像枣花在圆形的池塘上漂浮，又像回环曲折的水潭、绿洲间新生的浮萍，又像明朗痛快的晴天中的鱼鳞状浮云。

水煮沸，出现像鱼眼的小泡，有轻微的响声，称为『一沸』；边缘出现像涌泉接连不断地冒珠子一样，称为『二沸』；出现水波翻腾，称为『三沸』。再继续煮，水的味道就会差，不能饮用。

唐朝时凡是采茶，都在二月至四月间，且要遵循当天有雨不采摘，晴天有云不采摘的原则。清晨，带着露水采摘芽尖。采摘芽叶，要挑选长得秀逸挺拔的。